# 稀奇古怪的科学

# 超级图形

小月亮童书 / 编绘

浙江摄影出版社

全国百佳图书出版单位

超级图形

现在——没错，就是现在！

看看你的周围，是不是所有物品都有不同的形状？

这个客厅里隐藏着三角形、圆形、正方形、长方形和多边形。

你都发现了吗？

多变的平面形状由点、线、面这3种基本元素构成。

这是一个小小的点。

无数个点构成了线。

这是一条直线。
它有长度，没有宽度，
而且不会改变方向。

m  dm  cm  mm
常用的长度单位：米 分米 厘米 毫米

马路上有平行线。

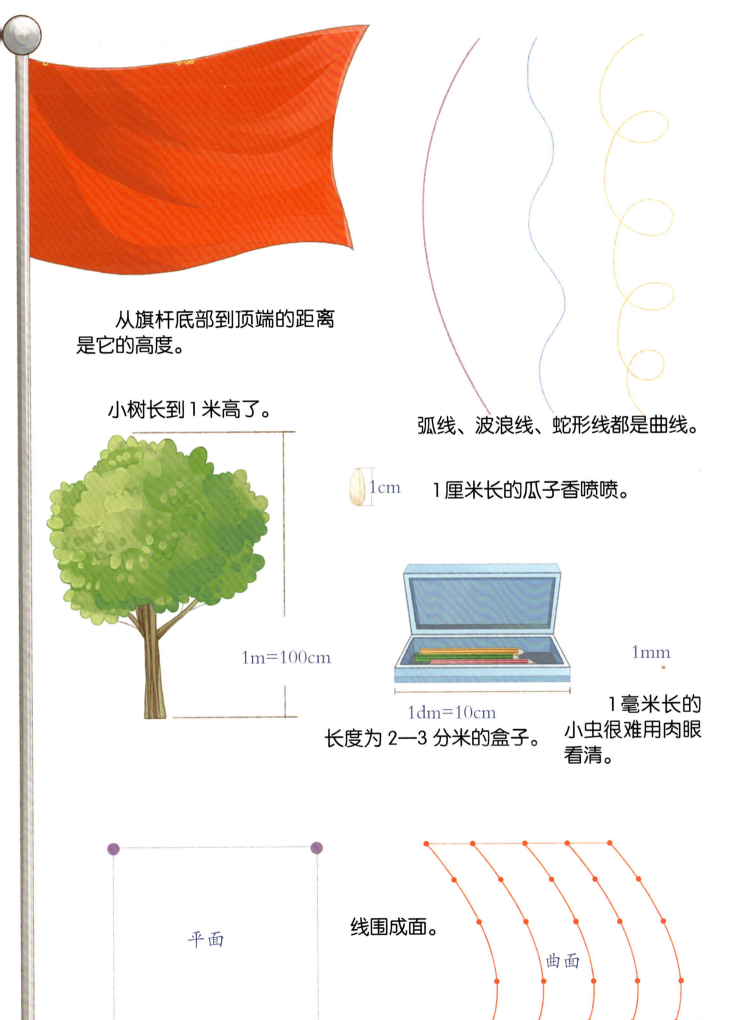

从旗杆底部到顶端的距离是它的高度。

小树长到1米高了。

1m＝100cm

弧线、波浪线、蛇形线都是曲线。

1cm

1厘米长的瓜子香喷喷。

1dm＝10cm

长度为 2—3 分米的盒子。

1mm

1毫米长的小虫很难用肉眼看清。

平面

线围成面。

曲面

# 平面图形

平面图形是指所有点都在同一平面内的图形。

正方形

笔记本

地砖

魔方

长方形

切菜板

硬币

圆形

屋顶

三角形

衣架

摩天轮

多边形

五边形

六边形

八边形

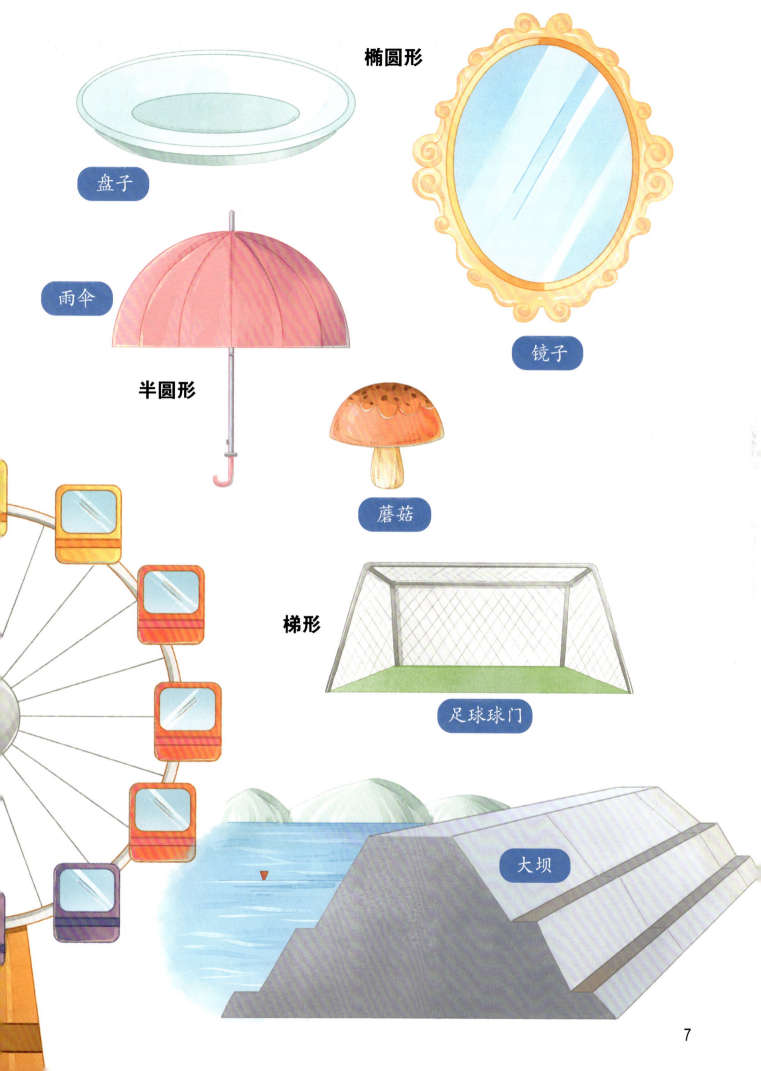

**椭圆形**

盘子

镜子

雨伞

**半圆形**

蘑菇

**梯形**

足球球门

大坝

7

# 立体图形

**立体图形是指所有点不在同一平面内的图形。**

## 长方体

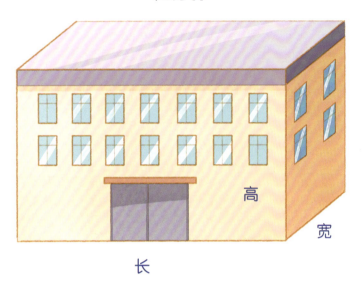

高
宽
长

## 正方体（立方体）

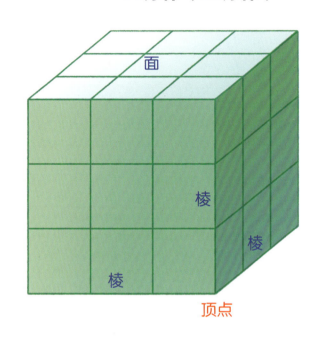

面
棱
棱
棱
顶点

2 个面相交的边叫棱。
3 条棱相交的点叫顶点。

## 圆柱

2 个圆面互相平行，大小相等。

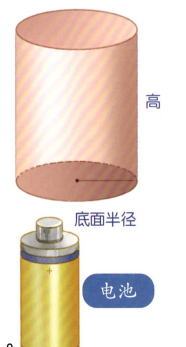

高
底面半径
电池

易拉罐

## 圆锥

由 1 个圆面和 1 个带顶点的曲面构成。

高
底面半径
锥形帽
交通锥

地球仪

**球体**

只有1个曲面，表面上任意一点到球心的距离相等。

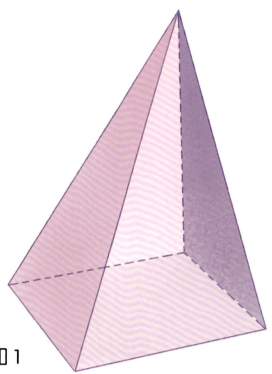

**四棱锥**

由4个三角形和1个四边形构成。

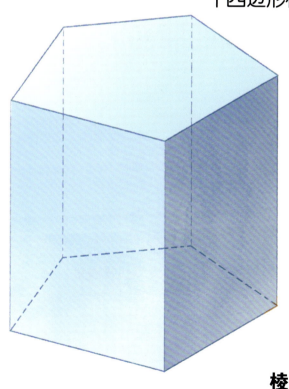

**棱柱**

上、下底面都是多边形。

**发现对称**

将平面图形沿直线对折，如果直线两边的部分能完全重合，这样的图形就是对称图形。

## 对称轴

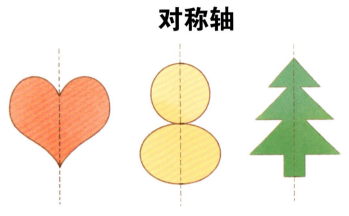

图形中间的虚线是对称轴。
对称轴左右两边的形状是一样的。

圆形是完全对称的图形，它的对称轴多到数不清！

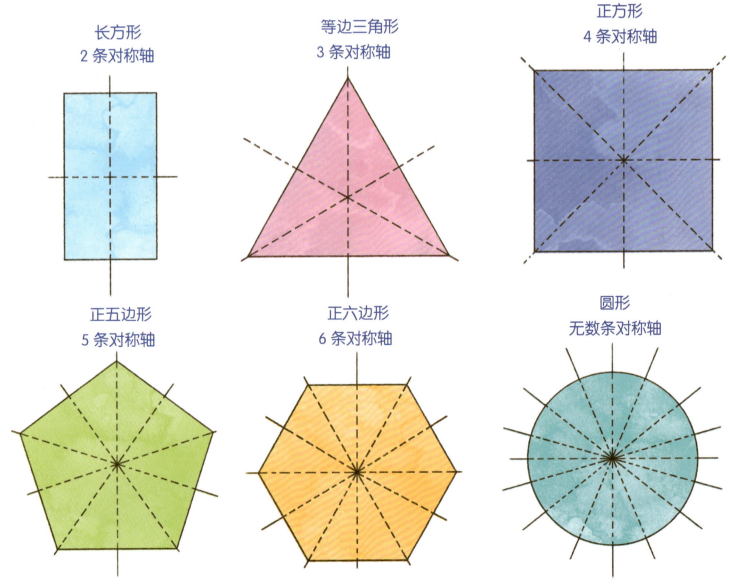

长方形
2 条对称轴

等边三角形
3 条对称轴

正方形
4 条对称轴

正五边形
5 条对称轴

正六边形
6 条对称轴

圆形
无数条对称轴

正多边形的对称轴数量和它的角、边的数量相等。

你能画出正六边形的对称轴吗?

蝴蝶

雪花

贝壳

大自然有对称之美。

**规律而有序的几何图形构成多姿多彩的图案。**

## 密铺

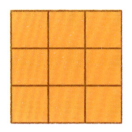

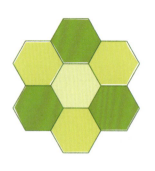

形状和大小完全相同的一种或多种图形拼接在一起，既不发生重叠，也没有空隙，就叫密铺。

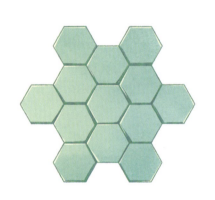

地砖

国际象棋

墙面

菠萝和乌龟天生就自带密铺。

菠萝

乌龟

蜂巢由许多正六边形的小蜂房组成。

这样的结构具有优秀的几何力学性能，整体非常坚固，能承受很大的外部冲击。

植物的序列

一种图形按照规律排列，形成重复的图案，就是序列。

DNA 序列

来，为这个密铺涂上你喜欢的色彩吧！

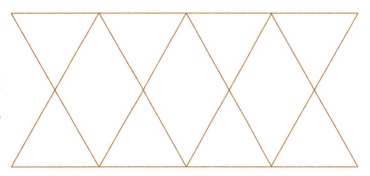

有公共端点的两条射线组成的平面图形叫作角。

边

顶点　边

"度"是计量角的单位，用符号"°"表示。

直角 =90°

正方形的 4 个角都是直角。

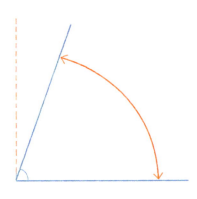

0° ＜锐角 ＜ 90°

90° ＜钝角 ＜ 180°

平角 =180°

周角 =360°

等边三角形的 3 个角都是锐角。

14

数一数，六边形有几个角？

水壶

扇子

时钟

角就藏在这些物体当中，快把它们找出来吧！

房子

**使用合适的工具能画出精确的图形。**

直尺用来画直线和垂直线。

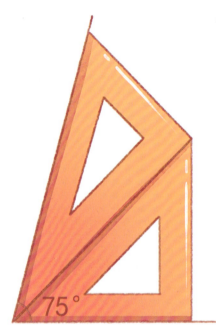

三角尺是一种常用的绘图工具。

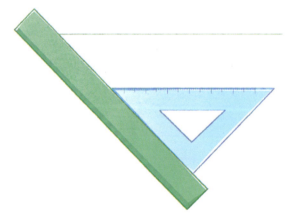

量角器用于角的测量和绘制。

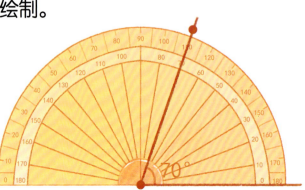

在古老的图画中，女娲手持"规"，伏羲手持"矩"。
"规"和"矩"就是现在的圆规和直角尺。

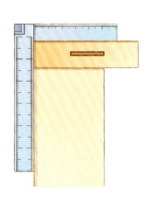 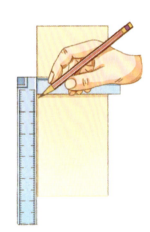

直角尺用来检测物体的垂直度。

圆规用来画圆或弧线。
将圆规的"针尖腿"立在圆心上，调整好半径，就能转动圆规开始画圆了。

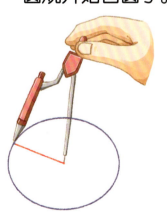

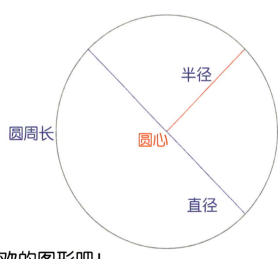

半径

圆周长

圆心

直径

你会使用这些工具了吗？
那就试试用它们来创造你喜欢的图形吧！

**艺术家利用几何学创造出奇妙而独特的艺术作品。**

　　几何学是研究图形的形状、大小和位置的相互关系的一门学科。文艺复兴时期，意大利建筑家阿尔伯蒂发明了能让画面呈现出立体效果的透视画法。

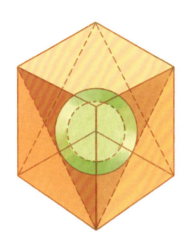

阿尔伯蒂（1404—1472）

莱奥纳尔多·达·芬奇的很多画作都严格遵循"黄金分割率"。

毕加索（1881—1973）

布拉克（1882—1963）

莱奥纳尔多·达·芬奇（1452—1519）

毕加索和布拉克开创了立体主义画派。

有人叫我"格子狂魔"。

几何抽象画派的先驱——蒙德里安。

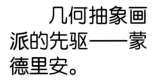
蒙德里安（1872—1944）

瓦萨雷利是"欧普艺术"的代表之一。

瓦萨雷利（1908—1997）

**数学家的研究成果一直在推动人类科学技术的发展。**

> 人们称我为"几何之父"。

> 这个定理帮助人们建造房屋和绘制地图。

**欧几里得（约前 330—前 275）**

古希腊数学家，著有《几何原本》。

**毕达哥拉斯（前 580 至前 570 之间—约前 500）**

古希腊数学家，在西方，最早证明了直角三角形的两条直角边的平方和等于斜边的平方。

> 我思故我在。

**笛卡儿（1596—1650）**

法国数学家，创立解析几何，将几何坐标体系公式化。

俄罗斯数学家，他的理论对现代物理学和天体研究具有深远影响。

我敢于打破传统，创新体系！

罗巴切夫斯基（1792—1856）

德国数学家，开创了"黎曼几何"，为爱因斯坦的广义相对论提供了数学基础。

数学激发创造力和想象力。

黎曼（1826—1866）

为学应须毕生力，攀登贵在少年时。

苏步青（1902—2003）

中国现代数学的奠基者之一，开创了中国微分几何学派。

七巧板诞生在中国，是一种古老的智力玩具。

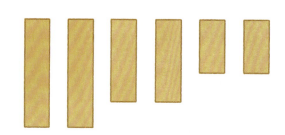

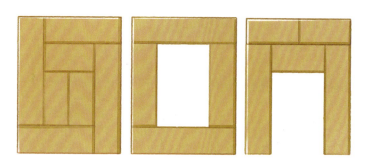

燕几

七巧板源于宋代的"燕几"，后者是一种能根据吃饭人数的多少，灵活进行组合的案几。

到了明代，人们在"燕几"的基础上进行了改进，发明了"蝶几"。

蝶几

清朝的"七巧桌"像不像大型七巧板？

七巧桌

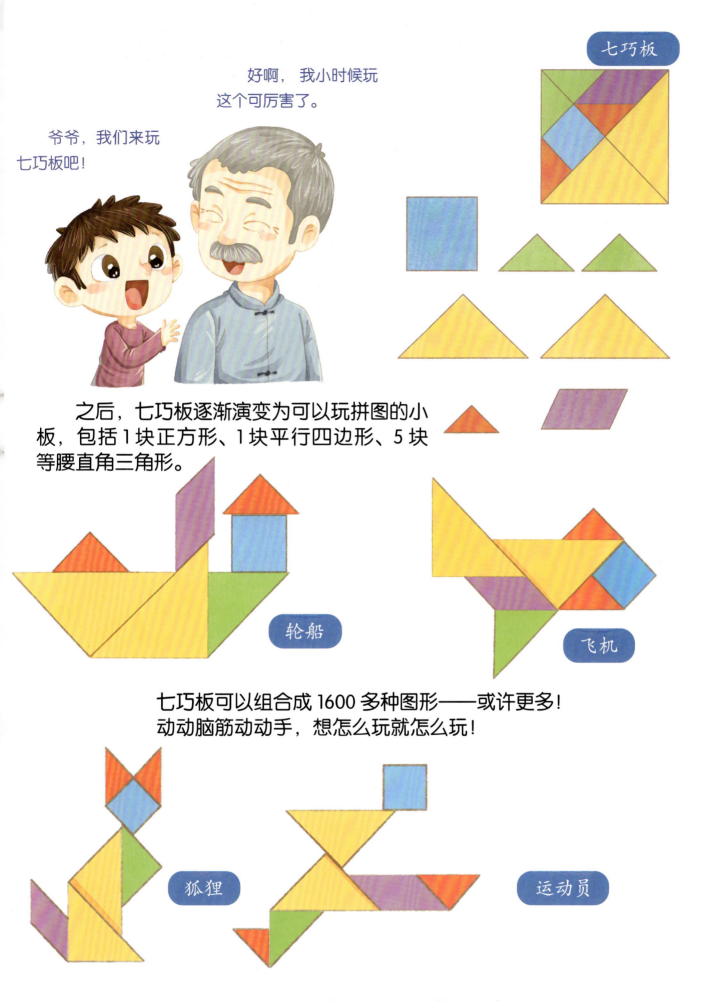

爷爷，我们来玩
七巧板吧！

好啊，我小时候玩
这个可厉害了。

七巧板

之后，七巧板逐渐演变为可以玩拼图的小板，包括1块正方形、1块平行四边形、5块等腰直角三角形。

轮船

飞机

七巧板可以组合成 1600 多种图形——或许更多！
动动脑筋动动手，想怎么玩就怎么玩！

狐狸

运动员

想一想，你能设计出更巧妙的拼法吗？

从古老的神庙到天马行空的现代建筑，都蕴含着几何的元素和概念。

帕提侬神庙运用了短边与长边比值约为 0.618 的黄金矩形结构。

古埃及金字塔是正四棱锥结构。

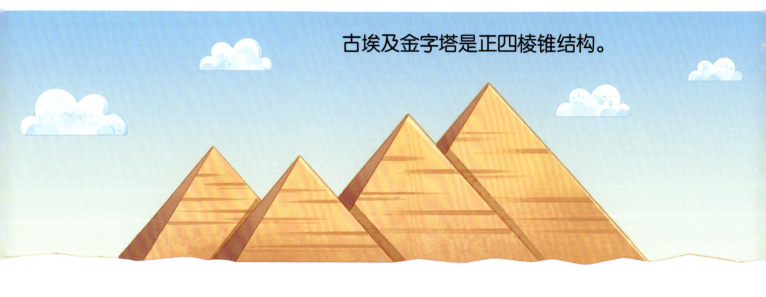

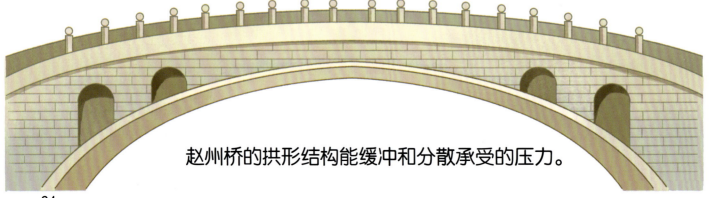

赵州桥的拱形结构能缓冲和分散承受的压力。

埃菲尔铁塔上窄下宽，具有平衡稳定的三角形结构。

简洁的几何线条勾勒出雄伟的长城。

悉尼歌剧院在设计上运用了大量的曲线。

泰姬陵各部分所呈现的几何形状既对立又统一，布局几乎完全对称。

请欣赏大自然中无与伦比的几何杰作。

这是拥有"螺旋曲线"的弹簧草。

球兰的花瓣呈几何分布。

紫甘蓝包裹着一个几何奇迹！

这片枫叶左右对称。

海星是五角星形。

螨螂的脑袋是三角形。

蜣螂会沿直线推动圆滚滚的粪球。

气体、尘埃和恒星组成螺旋星系。

袋熊的粪便是立方体。

这些是天然形成的"几何石"。

竹节是圆柱形。

这是巨大而神秘的"麦田怪圈"。

责任编辑　陈　一
责任校对　华明静
责任印制　汪立峰　陈震宇

项目策划　北视国

图书在版编目（CIP）数据

超级图形 / 小月亮童书编绘 . -- 杭州 ：浙江摄影
出版社，2024.7
　（稀奇古怪的科学）
　ISBN 978-7-5514-4978-6

　Ⅰ．①超… Ⅱ．①小… Ⅲ．①图形－少儿读物 Ⅳ.
①O181-49

　中国国家版本馆CIP数据核字（2024）第106358号

CHAOJI TUXING
# 超级图形
## （稀奇古怪的科学）

小月亮童书　编绘

全国百佳图书出版单位
浙江摄影出版社出版发行
　　　地址：杭州市环城北路177号
　　　邮编：310005
　　　电话：0571-85151082
　　　网址：www.photo.zjcb.com
制版：杭州市西湖区义明图文设计工作室
印刷：北京鑫联华印刷技术有限公司
开本：889mm×1194mm　1/16
印张：2
2024年7月第1版　　2024年7月第1次印刷
ISBN 978-7-5514-4978-6
定价：46.00元